我们的家风

家风里，藏着孩子的未来

爷爷的礼物

张建云 —— 主编
豆豆鱼 —— 绘

山东友谊出版社

图书在版编目（CIP）数据

爷爷的礼物 / 张建云主编；豆豆鱼绘 . -- 济南：山东友谊出版社 , 2020.9
（我们的家风）
ISBN 978-7-5516-2088-8

Ⅰ . ①爷… Ⅱ . ①张… ②豆… Ⅲ . ①家庭道德—中国—通俗读物 Ⅳ . ① B823.1-49

中国版本图书馆 CIP 数据核字 (2020) 第 166433 号

我们的家风·爷爷的礼物
WOMEN DE JIAFENG YEYE DE LIWU

责任编辑：王　洋	项目策划：秋若云
封面设计：A BOOK・蜀黍	版式制作：辰征文化
插图绘制：豆豆鱼	

主管单位：山东出版传媒股份有限公司
出版发行：山东友谊出版社
　　　　　地址：济南市英雄山路 189 号　邮政编码：250002
　　　　　电话：出版管理部（0531）82098756
　　　　　　　　市场营销部（0531）82098035（传真）
　　　　　网址：http://www.sdyouyi.com.cn
　　　　　读者互动邮箱：sfpedu@126.com
印　　刷：东港股份有限公司

开本：889mm×1194mm　1/32
印张：14.25　字数：240 千字
版次：2020 年 9 月第 1 版　印次：2020 年 9 月第 1 次印刷
定价：136.00 元（全 4 册）

序 言

别挨骂了

张建云

生活里有句骂人的话：这人没教养。此语杀伤力极强，把被骂之人连同其父母、爷奶一网打尽。虽然没有"八辈祖宗"之狠，但确是给八辈祖宗抹黑了。

批评人工作不努力，生意不赚钱，学习不专心，甚至爱情不忠贞都行，但一句"这人没教养"，被骂者大多挺不住，如受辱一般，轻则红脸怒斥，重则大打出手。

有人说，你可以骂我，但不能骂我妈，不能骂我家。细想起来，哪句骂人的话不是给爹妈和先祖找病？

人是有家庭和家族观念的，嘴上不说，心里也有，血脉相连。人是不能独立存在的，抛开家庭和家族独自逍遥之人，基本上不是人。于是，又有人骂，这回单独骂你：这人不孝敬。你也听不了。不孝敬等同于禽兽不如。连马狗牛羊鸡鸭鹅猪都比不上？死去吧！

谁都想做个文明人，实在做不了文明人也装成文明人。装文明的意思是有人时文明，没人时粗野。但凡做事，总怕人知道的，大多是坏事；但凡行善，生怕人不知道的，也好不到哪儿去。装文明不好装，容易露馅。只有装孙子还凑合。看，又与家大人关联了。

我们不愿意被骂，却总躺着中枪。有的父母不读书，却让孩子读，是无知。老师不重仁义，却让学生讲道德，是无耻。当一个社会，拿教育当绝对谋生手段，拿好学校当可以吹牛的虚荣，拿不择手段考第一当多发奖金的筹码，就该挨骂了。

教育是什么？做个好人。做个好人的第一标准就是别给家里挣骂。中国急需的不是孩子教育，而是家长教育、老师教育。一批缺教育的人

去教育一群渴求得到教育的孩子，让人真想骂街。

忙碌的父亲，焦虑的母亲，失控的孩子，这是当下中国很多家庭的写照。子不教，父之过。当爹的却没认为自己有啥错，还大言不惭地说："我赚钱养家为了谁？"我不知道你是谁，但知道你为了谁。为自己。连家人都不顾的人是自私。

女孩把自己打扮成男孩，女人把自己定位成"女汉子"，男孩少了英姿飒爽的劲头儿，男人娘娘腔，偶跷兰花指，总跟没断奶似的，不知跟家里角色错位有无关系。

教育孩子，对爹妈是大事，别动不动就指责老师。你俩人管一个孩子，老师一人管四五十个孩子。你都管不好，还指望老师管好？你说我花钱了。钱是什么？钱是好仆人，却是个坏主人。是你做主，还是让钱做你主？看着办。

林则徐说："子孙若如我，留钱做什么？贤而多财，则损其志；子孙不如我，留钱做什么？愚而多财，益增其过。"现代人恰与林先生相反，专爱给子女留钱，留钱也就罢了，还培养他挥金如土的恶习。于是，有人将老子的官职一并挥霍了。给孩子留钱，不如让他赚钱，让他赚钱不如让他值钱。

宴席上有个规矩，中间位置留给位高、权重、名大或年长之人。那次文化论坛，领导说啥也不坐中间，非要请那孔姓学者居中。孔先生被簇拥着，如赵匡胤黄袍加身般就座了。再次感叹孔子伟大，福泽后人。那，秦桧的后代怎么办？子曰：君子疾没世而名不称焉。咱，好好活着，别给子孙丢脸呦！

说半天，这就是家风。没家风就没规矩，没规矩就没未来。没未来，现在有什么都是添乱。

就怕乱。您一乱，家就乱；家一乱，社会就乱；社会一乱，国家就乱。没日没夜地赚钱、当官、出名，却把家搞乱了。你以为是爱家？害家始也！

尽力做个好人。先不挨骂，再不骂人，然后不允许有人骂人和被骂。吾国幸甚，社会幸甚，家庭幸甚。

我在这儿滔滔不绝，说得差不多了。别挨骂了。下台鞠躬。

目　录

我的爷爷 /1

孩子，有些东西不属于你 /7

共同呵护着那一盏古老的灯 /12

光辉 /17

家风一点　百世从容 /22

惜福的人有福气 /26

尊重内心 /31

师如父，乃家风 /36

爷爷的"礼物" /41

从做一个"好人"开始 /47

一个人走完一座山 /53

所在 /60

家"训" /65

父之遗风，我之家风 /70

身教，润物细无声 /75

家风，传递爱 /79

书香润泽的小草 /85

黄荆条子出好汉 /91

特殊的一门亲戚 /96

生活本质 /100

我的爷爷

——李耀进

1.

爷爷离开我三十几年了。我时常想起他,一个普通农村老人的普通故事。

爷爷是一家之主,一家老少二十几口,多能欢喜和睦,实乃不易。小的们有时爱较真儿,大人们却很少争高下。爷爷总说,要过平安日子,无非就是好吃的、好穿的多让着点,脏活累活多干点。

爷爷会打理。20世纪60年代,我家已近小康了。家里四合院周围有十几棵高大槐树,春天来时,挂满雪白槐花儿,

人谁不顾老,老去有谁怜?
身瘦带频减,发稀冠自偏。
废书缘惜眼,多灸为随年。
经事还谙事,阅人如阅川。
细思皆幸矣,下此便翛(xiāo)然。
莫道桑榆晚,为霞尚满天。

——唐·刘禹锡·《酬乐天咏老见示》

好看好闻，令人心旷神怡。微风吹拂，整个人似被甜味儿包裹。招一朵嚼在嘴中，唇齿留香，回味无穷。

很小时候我就爱围着爷爷转。农闲时节，一早一晚，于四合院阴凉下、槐香里，泡一壶茉莉花茶，爷爷坐着小板凳儿，大黄狗趴在他一侧，我雀跃在他周围。爷爷一手摇蒲扇，一手捋胡子，给我讲他的奋斗史。

2.

爷爷年轻时，家境贫寒，尤其担心爹娘与他受委屈，便励志改变命运。听人说要摆脱贫穷必须起三百六十五个五更。

我问什么叫起五更？

不等天亮就起床。

看爷爷平静，我心里发虚。早起，是一件多么残酷的事！

爷爷说，天刚蒙蒙亮一百八十斤的大葱从县城挑回来，不等晌午就卖完。一干就是三年！

每当回忆爷爷，我都不禁摸一摸自己肩头，我能像他一样吃苦、担当吗？他肩上铜钱大小的痦子原来是挑重担、受大累磨出来的。小时趴在他背上问起痦子，他常满面笑容，说是创业痦、改变痦和发家痦。现在想来，爷爷不单有痦，也有悟。爷爷之悟，是志气，是行动，是毅力。因为爷爷之痦，才让家境好转,家人幸福。

3.

我十八岁当兵离开家,至今没有归乡。在外面闯荡的这些年,每遇坎坷风雨,便想起爷爷的理论:实在干活有出息,偷奸耍滑事无成。

爷爷没上过学堂,可打得一手好算盘,应是年轻时卖大葱练出来的。上了年纪以后他也时常拿出跟随他多年的大算盘拨弄,一有机会就在我面前炫耀,还背口诀给我听:"一下五去四,一去九进一,二下五去三,二去八进一……"我便把大算盘翻过来,坐在上面当轮滑玩。爷爷立刻制止,说算盘是不能翻个儿的,买卖人最忌讳把算盘翻过来。如同渔家不能说"翻",过年不能说"死",坐飞机不能说丧气的话一样。

4.

爷爷有习惯:

爱在墙上钉上一个小木橛儿或钉子,上边缠上一圈一圈的铁丝。无论是在家里、田间、地头还是马路上,只要看到铁丝,不管长短粗细,他都宝贝似的捡回,然后锤打拉直,分别绕成一个小圈，挂在橛子上。他常说，这些东西不知什么时候就能用上，用的时候找不着该着急了。其实，有的铁丝都让我悄悄地拿走做了弹弓还有玩具砸炮枪了。

家里有规矩：

不许用带字的纸当手纸。一次我随手从书上撕了两页纸要去上厕所，爷爷看见了，大声喝止。我吓一跳。他说这字都是圣人留下的，怎么能拿着去上茅房！

我很多年不理解，一个斗大的字认不了一筐的人，为何对书本如此情有独钟？长大后才明白，那是爷爷对文化的渴望，他将渴望厚寄于儿孙，沿袭于后代。

一个没文化的人未必是没知识的。爷爷在家里对礼貌、宽容、习惯甚至教养的要求，超过如今很多硕士生、博士生以及教授的文化家庭。以至于，作为后代的我们得到一些所谓文明的传袭。

5.

爷爷惜福、惜食。他吃饭专注，津津有味，总是感恩，感恩丰收，感恩上苍恩赐。我们碗里总爱剩下一点儿粥或米，爷爷便如同警察,一个米粒儿没吃净绝不让离开饭桌。有次,我见他将我们掉在桌上的米粒和窝头渣用手轻轻地捏起来放到嘴里。

每当家里开饭时,他总是坐在一个固定的位置,不论奶奶做了什么饭,他从不挑剔。我们兄妹几个有时吃饭时爱嘻嘻哈哈,爷爷便收起慈祥,换上严肃:吃饭、睡觉别讲话!

吃饭时是要听爷爷教导的,什么"席上的肉虽多,但吃的量不能超过主食的量","一日三餐,时间不能乱","酒可以喝一点,但一定不能醉",等等。

长大后才发现爷爷的理论竟然都跟《论语·乡党》里的句子一样,如"食不语,寝不言","不时,不食","肉虽多,不使胜食气","唯酒无量,不及乱"。

于是,愈发怀念没文化有知识的爷爷。

李耀进,1958年2月生。曾服役于空军某部。曾任中共天津市河北区委常委、宣传部部长,区文联主席,现任天津市河西区政协主席,为天津市书协会员。

孩子，有些东西不属于你

——周海亮

我在始发站上了公共汽车，坐到最后一排。在我的后面，紧跟着上来一对母女。

妈妈二十多岁，戴着无框眼镜。女儿五六岁模样，怀里紧抱着一只毛绒玩具。那时车厢里尚有部分空座，可是小女孩瞅瞅那些空座，然后坚定地指指我，对她的妈妈说："我要坐那里。"

我愣住了。

女人抱歉地冲我笑笑。她低下头，对小女孩说："咱们去那边靠窗的位置坐吧。"

"不，我要坐那里！"小女孩再一次指指我。

我不知道小女孩为什么非要坐到我的位置上。但我知道现在，她与妈妈犟上了。任女人如何哄她，她就是站在那里，不肯随女人去坐。她不去坐，女人也不去，两个人站在狭窄的过道里，任很多人用异样的目光将她们打量。

我想现在，小女孩想要的并非是那个座位，而是一种满足。习惯性的满足，有理或者无理要求的满足。或许绝大多数时，她的这种满足都可以在家里得到，在她的妈妈那里得到。

问题是，现在，她并不是在家里。

"你应该向我要这个座位，而不是你的妈妈。"终于我忍不住了，提醒她说。

小女孩似乎没有听到我的话。她看着妈妈，拽着妈妈的手，说："我要坐那里。我要坐那里。"

"那你们过来坐吧。"我说，"你和你妈妈挤一挤，或者你妈妈抱着你……"虽然我并不想惯着她，可是我实在不忍看到女人尴尬的模样。

"不！"她说，"我不要和妈妈一起坐！我要一个人坐！"

这就太过分了。或者说，对她的妈妈来说，这已经远非胡搅蛮缠，而是威胁了。

我告诉小女孩,她乘公共汽车是免费的,她的妈妈并没有为她花一分钱。既然是免费,公共汽车上就并没有给她准备座位。现在我把座位让给她,她应该把座位让给妈妈。或者,就算她花了钱,就算她有一个座位,有老人或者孕妇上来,她也应该给他们让座。现在,全社会都在做这样的事情。

"我要坐那个座位!"小女孩对我的话充耳不闻。她一门心思缠着她的妈妈。

我想起一个词:教养。

那天,直到终点,我也没有给她让座。我始终坐得安安稳稳,再也没有与小女孩说一句话。而她则始终站在我的面前,拽着妈妈的手,每隔一会儿,就要说一遍"我要坐那个座位"。

可是,没有用。她的要求在今天、在这辆汽车上、在我的面前,注定不会得到满足。

车上的人们看着我,看着她,看着她的妈妈,目光里,各样情绪都有。但不管如何,我想,大概没有人觉得这个小女孩可怜,也没有人觉得我应该把座位让给她。

那天我必须拒绝她。不仅要用语言,还要用行动。我想告诉这个小女孩,这世上,有些东西并不属于她。不属于她的东西,并非她撒撒娇,或者威胁唯一可以对她没有立场和底线的妈妈，就可以得到的。

小女孩终会长大。但愿长大后她会明白，世界不是她家的客厅，别人的东西不是她怀里的毛绒玩具，别人也绝非她的妈妈。

这是世间最为简单的道理。

周海亮，体制外职业作家，现居山东威海。小说作品散见于《大家》《芙蓉》《山花》《青年文学》《山东文学》《飞天》《长城》《鸭绿江》《四川文学》《雨花》《小说月刊》《读者》《中国青年报》《台湾日报》等，有多篇作品被《小说选刊》《中篇小说月报》《中篇小说选刊》《作品与争鸣》《小小说选刊》《微型小说选刊》《读者》等转载。在国内多家报刊开有个人专栏，出版有长篇小说《浅婚》等近30部作品。

> 共同呵护着
> 那一盏古老的灯
> ——包苞

从妈妈的乳汁启航,温热的涓涓细流,点亮了家风的灯。

第一次试牙,我咬疼了妈妈的乳头,妈妈用她温暖的乳房,捂住了我的脸。在一阵窒息中,我松开了口。妈妈微笑着说,宝宝出新牙了,咬疼妈妈了。我第一次知道,咬人会疼的。

第一次挨巴掌,是我打哭了邻家小妹。妈妈没有问缘由,打了我的屁股。她的理由是,妹妹比我小,我应该好好照看、让着她、护着她才对。

第一次挨笤帚,是我拿了爷爷的钱。妈妈找来笤帚,狠狠地打了我。这一次她打得狠,自己也哭了。她一边搂着我哭一边说,偷东西很严重,会毁了一个人的一生。

第一次被扇耳光,是在我不好好读书时。妈妈声色俱厉地说:只有知识,才能让你活得更加体面。

成长中,我是一头小兽,记住了每一次疼,并努力避免这些会给我带来疼痛的行为。

第一次觉得美好,是听妈妈给我讲的那些故事。报恩、救赎、爱情、励志……这些抽象的词,在妈妈的讲述中,像淡淡的月光,变得鲜活起来,变得可以效仿。一生,我都在受用。

第一次感知孝心,是在爸爸妈妈对爷爷、奶奶的生活关爱中。每一顿专门做给老人的饭菜,都是一次孝心的现身说法。记得有一次,爸爸说话不注意,得罪了太爷爷。太爷爷摔了自己的水烟瓶,并拒绝吃饭。爸爸感到自己错了,捡起摔在地上的水烟瓶,跪下来,双手捧着水烟瓶举过头,请求太爷爷原谅。这一切,我惊愕地看着,并记住了孝心不能轻慢。

第一次感知担当,是妈妈带着村上的妇女去医院做妇科疾病普查。那一次,医院查出了好多人潜在的疾患,

爱人者必见爱也，
而恶人者必见恶也。
——《墨子·兼爱下》

救了许多人的命。作为当时的村主任和后来的村支书,妈妈还在村里创建了企业,修建了学校,硬化了路面,修筑了河堤。每一次看到她疲倦却喜悦的神情,我暗暗地在心里把妈妈当成了我的偶像。

第一次感知胸怀,是邻村素昧平生的人来告艰难,妈妈当即给他们买了米面。此后,无数次接济贫弱,妈妈从来不去想是否有回报或者收回借出去的钱财。还有一次,妈妈的厂子里被盗了。被偷去的是一个半导体和一个半新的毛毯。很快就有人告诉妈妈是谁偷了东西。但妈妈没有报案,也没有去责怪,而是央人给他们送去了一袋子面粉和二百块钱。我惊诧地问为什么,妈妈说,揭不开锅时才会去偷。在妈妈的一生中,她在方圆几十里的地界上,用自己的良善呵护着我们的家风。我渐渐被感染,并接受。

家风是温暖,家风是给予,家风也是挺起腰杆自强不息。

艰难的日子里,为了生计,爸爸骑着单车,每天穿行在几十公里的山路上。每一分钱,都是汗水的凝结。每一次成功,都是看不见的修为在支撑。无数个黄昏,爸爸用单车驮着妈妈回家,幸福就是他们拉长在大地上的身影。

当我们渐渐长成,爸爸妈妈又教会我们怎样去拼搏,去奋斗。我们每一次取得小小的成功,他们都会比我们还要高兴。

家风，是人的一生中引路的红灯笼。

我从妈妈的血液和乳汁中接过来的家风，必将也交给我的孩子。

我挺起腰杆行世，一半靠的是在天堂的亲人的光，一半靠的是我自己。

我呵护着那微弱但温暖的光，我也要照亮我的孩子们前进的方向。

　　包苞，本名马包强，1971年生，甘肃礼县人。中国作家协会会员。鲁迅文学院第二十届中青年作家高研班学员。2007年参加诗刊社第二十三届斋堂青春诗会。曾出版诗集《有一只鸟的名字叫火》《汗水在金子上歌唱》《田野上的枝形烛台》《低处的光阴》《我喜欢的路上没有人》等。

光辉

——刘乐艺

1959、1960年闹饥荒,百里沉湖用其盛产的莲藕、鱼虾、蚌螺、水草,救活了周边上百万的穷苦百姓。

我们一家七口就是靠父亲刘洪宽在湖里打鱼挖藕维持生计,且过得比较宽裕。那时,物资匮乏,物价飞涨,大点儿的鲫鱼、黑鱼在黑市上能卖到十来块一斤,碰上好运气,父亲一天能捕到十几二十斤,能赚一百多块。为了不饿死人,上面的政策比较宽松,社员下湖所得的收入大部分归个人所有,日积月累,父亲很是攒了一笔钱,又偷偷在黑市换了许多银圆,装了满满的一罐,大概有几十上百吧。

父亲脸上的光辉，几乎照亮了整个刘家村。

这在当年的中国，不能不算个奇迹。

老地主刘茂林家就阴云惨惨了。他的两个儿子从小娇生惯养，二十多岁的人了，干什么都比别人差一大截。同样是下湖，别人回来筐堆篮满，他俩却常常空手而归。村人就笑："过去剥削饭吃惯了，现今可不行啰！"

一天晚上，父亲将喂在大木盆里的鲫鱼点了数，换了水，准备安歇。老地主刘茂林轻轻地敲门，轻手轻脚地进来了。父亲很客气，递给他一支"喇叭筒"（手卷烟），他惊惶惶地不敢接。父亲说："他大伯，抽一支吧。"他才惊惶惶点上，吸得很不顺畅。

父亲问："有啥事吗，他大伯？"

"他大叔，我不敢启齿啊。"

父亲阶级觉悟一贯不是很高，土改时，工作队要将一户大地主的房子分给他，他害怕"变天"，坚决不肯要，平时见到村里的"阶级敌人"们，该叫叔照样叫叔，该叫伯照样叫伯。

"说吧，有啥事要我帮忙吗？"

老地主被烟熏得眼泪直流，"他大叔，实在揭不开锅了，家里不剩分文，您能不能将那……二十块……银圆……还我……"他扑地跪在父亲面前，"求您救救我吧，一家六口

世间何所益,乐善有馨香。
贵贱虽差等,非违定不祥。
春台宜胜地,花木收严霜。
求取立身行,恒持但久长。

——宋·宋太宗·《缘识》

不能等死啊……"

父亲急忙拉起老地主,猛然想起新中国成立前一年,我母亲重病,向老地主借钱,老地主犹豫了一下,"救人要紧!"就给了父亲二十块银圆。过了一年,新中国成立了,土改了,这笔债自然就吹了。

想了一下,父亲说:"他大伯,当年你救了我的急,我一直搁在心里,不敢忘记。可这是犯法的事啊,这债,政府早就一笔勾销了。"

老地主哆哆嗦嗦:"知道,知道,我走投无路啊,只好出此下策,求您了,救救我们吧!"

父亲点了点头:"这事,天知地知、你知我知!"就从罐罐里掏出二十块银圆,还给了他。

靠这二十块银圆,老地主家渡过了劫难。

转眼到了"文革",阶级斗争喊得震天响。老地主为二十块银圆的事惶惶不可终日。他想交代"反攻倒算"罪行,又怕连累父亲;不交代,又怕父亲揭发他。每次见到父亲,他都是一副可怜可嫌的样子。直到有一天村里召开老地主的斗争会,父亲上台哼哼哈哈讲了几句无关痛痒的话,老地主心中的"冷病"才好消了根。

又一晃到了改革开放,老地主早已离开人世。他的两个儿子带领他几个孙子在广州、深圳、海南等地做布匹生意，公司资产达到一千多万，成了全乡首屈一指的大富豪。

有一天，年近九十的父亲靠在墙山头晒太阳，正迷糊着，突然被老地主的两个儿子叫醒。

进屋后，老地主的两个儿子喊了一声大叔，双双向父亲深深鞠了一躬，然后大儿子立马从闪闪发亮的黑包里拿出五沓崭新的百元钞票，放在父亲当年存银圆现在装冰糖的罐罐旁，说："父亲临终前嘱咐，一定要报大叔的大恩大德。这钱，请您收下！"平时常犯迷糊的父亲此刻却异常清醒、坚决："老辈们的事，该了的，都了了。钱，你们拿回去吧！"

临死的前三天，父亲一天到晚迷迷糊糊地唠叨："农业学大寨，围湖造田，沉湖没了，波浪没了，莲藕没了，鱼虾没了，水草没了，再碰上饥荒年，拿啥救人啊！"

刘乐艺，男，笔名余吃、瘦竹等，湖北人，山东作家协会会员，中国石油、石化作家协会会员。出版中短篇小说集《神圣同盟》、散文随笔集《乐艺之吃》、诗集《一只笨鸟》，作品多次获省部级文学奖，中短篇小说在国内二十几家刊物发表，有作品被《小说月报》《微型小说选刊》《特别关注》《故事家·微型经典故事》《生活文摘》及多种出版物选载。

家风一点
百世从容

——小超

从胡同南到胡同北一共住了十二户人家,九十一年里,没有一户说她一句坏话,她就是我的姥姥!

我生在鲁西北一个村庄,自小儿跟着姥姥、姥爷长大。

姥姥活到九十一岁,姥爷活到九十三岁,都属长寿,同时一辈子人缘极好。对于人缘,儿时不得解,如今我方感到,一辈子没让一个人说出一个"不"字,对于一生没怎么出过胡同口的姥姥、姥爷来说是一种境界。

上大学后有次回家,我从胡同南看到胡同北的一个背影,胖胖的身材,蹒跚的脚步,那时已是八十多岁的姥姥,身体

不好，已极少出门，但这个背影就是她。我喊："姥娘（老家当地对姥姥的称呼），你干什么去？"她回头，看到是我，很高兴，说："胡同北小柱子家奶奶，前天给我送了一个包子，我心里不忍，我给她送个埽子（乡村扫床的工具），你回家等我。"从胡同南到胡同北四百米左右，走过这个距离对于那时的姥娘来说是长途出差，因为身体原因，家人已很少让她出门。我知道对于这几百米，她一定想了很多，她会想万一路上摔倒，或许就是大问题，但最终可能出现的问题依然没能抵挡得过那个包子的亏欠。

把姥姥接回来，她很高兴，又说："柱子奶奶不管做什么好饭，总给我送点，不给她点东西，心里欠得慌。"多年过后，这句话仍深深印在我心里。我的性格里有很多姥姥的影子，以至于现在和朋友们出去吃饭，请客最多的就是我，因为如果别人请客拿钱，我会感到心里总是亏着对方。

前几日又回村里，碰到几个顽童，我指着姥姥曾经的房子说："你们知道这是谁的家吗？"他们说："知道啊，这里原来是我们那个胖姥娘的房子，我家里经常说起她。"闻听此言，心酸涌上心头，孩子是没见过姥娘的，但他们知道"胖姥娘"的存在。从胡同南到胡同北，四百米左右的距离，基本是姥娘一辈子的世界，在她的世界里，每一户每一人，没有一个敌人，从南到北全是朋友，全是亲人。

胡同虽小，道理却深。

姥姥去世多年后，我在电视上看到记者在街头采访，问"家风是什么"，瞬间我想起她胡同里的背影。前几日好友建云约我写一篇关于家风的文章，瞬间我又想起了她胡同里的背影。

胡同背影，缩印善良，如同无言的家风，影响了我，还有那些顽童。姥姥家风一点，收获百世从容。

于是我常记忆……

从胡同南到胡同北一共住了十二户人家，九十一年里，没有一户说她一句坏话……

小超，原名孙希超，山东省德州市武城县人。2013年度全国十佳优秀主持人，山东省首届农民春节联欢晚会创始人、总导演、主持人，山东电视台人物影像访谈节目《小超访谈录》创始人、主持人。国内首个三农领域线上教育平台麦粒中国创始人。

惜福的人有福气

—— 顾晓蕊

那天清晨,母亲像往常一样去市场上买菜。回家路上,她拎着一捆捆沾着露水的鲜灵蔬菜,走着走着,只觉路面似波浪般变得不平起来。又走了几步,眼前一黑,"扑通"一声倒在地上。

路边晨练的人围上来,有的慌忙招人中,有的打电话叫救护车。待我们赶到医院时,母亲刚苏醒过来。医生一脸凝重地说,太危险了,还好抢救及时,是心脏出了问题,建议住院做手术……躺在病床上的母亲脸色仍显苍白,扯出一抹笑意说:"可真是好福气!"我听后湿了眼眶,知道她所说的"福气",是指倒了有人扶,再就是这病搁在过去可能没得治,如今算是赶上好时代了。

母亲已七十多岁,在我记忆里听得最多的就是她说这句话,这几乎成了她的口头禅。院墙上打碗花开了,笑闹着爬满篱笆;大花猫生了一窝仔,是五个可爱的"小绒球"……母亲都会感叹,可真是好福气!母亲还常说,要节俭惜福。早年间听了这话,我很有些不在乎,可后来发生的一件事,却改变了我的想法。

那时我在外地读高中,周末的一天,母亲坐车来学校看我。赶上午饭时间,母亲说她下车后在路边吃了碗面,可还是跟着我去了食堂,说是想看看学校伙食。我买了份豆芽菜加馒头,刚吃了一口,便"呸"地吐到地上。"这菜这么咸,让人怎么吃嘛!"我气咻咻地嘟哝着,跑去找烧菜的师傅,他嘴里道歉,却不同意退菜。我赌气地把菜倒进泔水桶,跑到另一个窗口,买了两个韭菜馅饼。两个馅饼很快进了肚,我打了个饱嗝,看了眼被冷落一旁的馒头,随手将它扔到地上。

静默地坐在旁边的母亲,目光撵着骨碌碌滚到桌下的馒头。只见她艰难地半蹲下腰,钻到桌子底下捡起馒头,拍掉上面沾着的脏灰,说:"扔了可惜,留着我晚饭时吃。"见有同学朝这边张望,我觉得尴尬极了,蹙起眉头,不满地劝道:

> 欲为先人留遗泽,
> 为后人惜余福,
> 除却勤俭二字,
> 别无做法。
> ——《曾国藩全集·家书·致澄弟》

"脏了，不能吃了。"母亲一改平日的温和，面带愠色地说："菜咸一点就倒了，馒头吃不完扔掉，这多浪费！师傅们做饭很辛苦，你扔掉的是福气。"听了母亲的话，我虽心有不服，也不好再说什么了。

回宿舍的路上，母亲问起我的学习及跟同学的相处。我委屈地倒起苦水，说宿舍里有位女孩忌妒心强，为人刻薄，看我成绩好，经常话里带刺。母亲听了脱口说："真是好福气呢。"我迷惑又吃惊地望向母亲。她又说："有人忌妒你，是因为你走在了前面，同时呢，也提醒你不要有骄气。"那段时间我的确有些飘飘然，母亲的一番话，使我从浮躁中沉静下来。

在其后的岁月里，尽管生活时有波澜，我也还能安然面对，这要感谢母亲的教诲。只有初小文化的母亲，如何修得这等好心态？我把疑问抛给母亲，她跟我讲起久远的过往。

母亲说，外祖父家祖上是做生意的，积下些家业，曾富庶一方。外祖父读过几年私塾，后来家道中落，加上年景不佳，他逃过荒，要过饭，流落到一座幽僻的小山村。在那里遇到外祖母，他们靠着种菜卖菜，养育五子三女。八个半大的儿女，八张等着吃饭的嘴，可以想见生活的艰难。母亲说，即便如此，外祖父也向来面容清净，神色不慌，从未听他抱怨过什么。他说要"常将有日思无日"，正因时时"思无日"，生活虽不宽绰，倒还过得去。他还让八个儿女都进了学堂，有的读完小学、初中，还有两个舅舅读到高中，全识文知礼，这在当时的乡下是不多见的。

外祖父一生操劳困顿，却心怀敞亮，用母亲的话形容——心里宽阔得能跑得了马车。在他看来，惜福的人，都是有福的人。他因此熬过岁月，活到九十五岁高龄。母亲在无形中传承家训门风，俭朴惜福。今已古稀之年的母亲眉眼慈祥，头发黑亮，总是很欢喜的模样。熟识的人都说她想得开，看得透，无论怎样困窘的日子，她都能活出一团喜气来。

对于生命中的苍凉寒冬，生气是内耗，除了徒添无谓的烦恼，于事于己皆无增益。倒不如踏着光阴的碎影，一路行走，一路捡拾随手可得的欢喜。说不定走着走着，花就开了呢。

作者

顾晓蕊，中国电力作家协会会员，河南省作家协会会员，全国中考高考热点作家，鲁迅文学院第二十二届中青年作家高研班学员。《读者》《特别关注》等杂志签约作家。文章散见于《青年文学》《散文选刊》《山东文学》《延河》《佛山文艺》《读者文摘（美国）》《读者》等刊物，曾在十余家期刊开设专栏，百余篇文章被收入全国各类丛书，多篇文章被选为全国中考或高考语文试卷阅读材料。曾获冰心儿童图书奖等奖项。出版散文集《你比月光更温暖》。

尊重内心

——梅驿

一次，回老家，看到母亲正在收拾东西。一只不知从哪儿翻出来的箱子，装的全是我们上学读书时拿到的奖状，我的、弟弟的、妹妹的，小学的、初中的……

母亲一边收拾一边感叹，你们小时候学习都好，都知道上进，这一转眼，都参加工作了！我蹲下来，看母亲用粗糙的手把那些奖状一点点抚平。我们住在老家的时候，这些奖状都是贴在墙上的，那整整一面墙，让这些奖状一照，满眼都是红彤彤的。这些，曾经惹来多少乡亲们的羡慕啊！那时候，乡亲们都说，我们这样的家庭，是要出"文曲星"的。

每当听到这样的话,我的父母总是笑得合不拢嘴。

说起来,父母虽然是庄稼人,但都读过书。父亲还是完小毕业,这在20世纪五六十年代的农村,是不常见的。往上推三四代,我的祖爷爷曾经是秀才,到现在,家里还有他们遗留下来的书籍,在一个松木匣子里放着,因年代久远了,书页发黄、脆薄,已不敢轻易翻动。

我们上了学后,学习成绩一直不错,经常拿到奖状。大约有这些奖状做支撑,一生贫穷的父亲在亲戚朋友面前,也有了底气。记得我刚上三年级,父亲便让我给远方的姨妈写信。通常是在夜晚,我坐在一张八仙桌前,父亲为我拨亮煤油灯,我歪歪扭扭一笔一画地写着,写地里的庄稼,写院里的鸡鸭,写我和弟弟又拿到了几个奖状……

大专毕业后,我进了一家大型国企,在一个车间当操作工。这样的工作,与我的理想相比,简直一个天上一个地下。一年后,公司秘书科招人,我参加了考试,学中文的我总排名第一,然而到结果公布那天,我傻了眼——被招走的不是我。

我哭着回了家。父亲安慰我,好孩子,别灰心,是金子总会发光的,你知道上进,总有一天会成功的。后来,我果真成功了——半年后,公司成立了质量管理部,我应聘成功,成为一名坐办公室的"白领"。在那个有着上千人的国企,我这个普通的大专生能有这么一份待遇,也算让人羡慕了。

事实上,虽然这份工作跟我学的专业一点儿都不搭边,但要强的我还是干出了些名堂,几年后,我成了全公司第一位质量工程师,业务水平在全公司拔尖。这个时候,恰好质量管理部副经理外调,公司领导找我谈话,让我出任副经理。听到这个消息,我一下子就愣了。因为早在一年前,我就迷上了写小说。回家问父亲,父亲想了想说,人是要上进的。我打断他,说,我想写小说。父亲怔了怔,说,好。你要是想好了,就按自己的想法去做,想写小说就写小说。第二天,我找到公司领导,表达了我的想法。所有的人都认为我傻透了,我舍弃了高薪,更重要的是,我把自己在质量管理方面十多年的付出全部付诸了流水。但我并不后悔,之后,安心做一名小职员,八小时之外写小说。几年后,我调离了那家企

业，成了当地文联的一名干部，专心写起了小说。

去年，父亲生病去世了。想他这一生给我的教益，一是崇尚知识，另一点就是上进。他常说，一个人要是不知道上进，就跟畜生没什么区别。而最重要的一条，我认为还是尊重，尊重自己的内心，按自己的想法去生活。我想，这些应当是一个普通农村家庭所产生的一种豁达的人生态度，也算是家风吧，我愿意把这样的家风带给我的后代，让他们能够拥有更美好的人生。

梅驿，原名工梅芳，女，1976年出生，河北人。河北文学院签约作家，中国作家协会会员，鲁迅文学院第二十届中青年作家高研班学员。中短篇小说刊于《十月》《花城》《北京文学》《百花洲》等，有作品被《小说选刊》《中篇小说选刊》转载或收入年选，出版中短篇小说集《脸红是种病》。

师如父,乃家风

——孙阳

爸妈给的是小家,单位给的是大家,祖国给的是国家。所说家国情怀,应是三家联动,缺一不美。

《孝经》说,人在世上,遵循仁义道德,有所建树,扬名于后世,使父母显赫荣耀,这就是孝的最高境界了。

我从小是个听话的孩子,长大后在播音主持专业取得了一些荣誉,于单位,于社会,虽然没有不可或缺,却处处让爸妈欣慰、自己开怀。谈不上夙夜奉公,可时常殚精竭虑。新闻事业,苟日新,又日新,日日新。半点马虎,一丝折扣,亦是大敌。

没人能随随便便成功。在攀登艺术高峰的过程中，我倾一生之力。

十七年话筒耕耘是天道，四十年事业艰辛乃酬勤。不能忘记我播音主持的开蒙老师关山先生。他是我艺术生涯的家长，如父关爱，是师解惑。

关山老师无数次教导，艺术来不得半点儿虚伪与骄傲，在听众面前，我们永远都是小学生。

最初听得，理解不深。我是学生，老师大名鼎鼎，影响了中国两代、数亿人之多，也是学生？

后来，在他身边工作，终于领悟老师的虚怀若谷。号称"活字典"的他竟然不耻下问。面对多小的记者，即便新入职的菜鸟，他都亲自试稿。那些久仰关山大名、期盼关山已久的孩子们，一下见到心中偶像，而且是以播音员身份来试稿，幸福来得太突然，小记者们，先是手足无措，后是手舞足蹈。

都说关山严厉，我则认为不然。老师无非是达到一定学养，不近人间琐碎的高贵罢了。没有接触过他，远远望去，他犹如高山，高耸巍峨，略有威严。若到面前，便让人如同走近花香鸟语相伴的溪流，温和，清新，敦厚，可亲。听他的艺术论见，更多的是情理之中的认同追随和意料之外的醒豁。虽是侃侃而谈，却无一丝苟且，似悬崖峭壁之神圣而不可侵犯。忽想起，孔子学生子夏评价老师，"君子有三变：望之俨然，即之也温，听其言也厉。"吾师关山，君子之风！

关山做人低调，但求事功，不事张扬。对工作十倍努力，却对结果十分淡然。即便退休，于天津、北京乃至中国，乃是播音泰斗，却与妻子悠闲在家，读书，走路，旅游，养生。

前段时间，我去了趟无锡梅园，才解读出老师之做人姿态与人生境界。晚清名臣左宗棠题梅园经典名句：发上等愿，结中等缘，享下等福；择高处立，就平处坐，向宽处行。

这应是老师做人的写照吧。

关山高调做事。他的事无非是播音的事。不懂则问，不会就学。在他的工作中没有模棱两可、似是而非，没有凑合、将就和"嗯嗯嗯""大概吧"。多高职位的人，多有名的专家，于字、音、句、情、声、气上的错误，他都义正词严指出。有人说，关山无情面，但我们何尝不知，他有责任，他有性格，见错不说是他的事，知错不改是你的事。

关山老师说，不要追逐权力，专注播音艺术。

这恰是老师不争之品德。如水随行，善于滋润万物而不与万物相争。《道德经》云：上善若水。水善利万物而不争，处众人之所恶，故几于道。

权力会老，艺术常青。而艺术人看重了权力，艺术也会随之老去。只有争别人不争之事，才是大道！

　　我始终记得作为学生时，第一次有幸见到关山老师时的情景，忐忑、兴奋布满全身。而他，竟不厌其烦地给我一遍遍示范一篇不过几百字的散文诗，花了四十多分钟！素不相识却毫无保留的四十分钟，给我奠定了播音主持的基础、兴趣和梦想。直到今日，我依然深受他正直、无私、执着和敦厚的影响。

　　吾师之风，乃中国播音艺术之屈指可数的优雅家风。我辈无法企及他的高度，但学他，爱他，传承他；探索，践行，回报他。

　　孙阳，主持人，播音指导，天津市青年联合会委员。曾获中国播音主持"金话筒"奖，以及全国广电系统青年岗位能手、天津市百名杰出女性、天津广播电视"十佳播音员主持人"等称号。播讲的长篇小说《第二次握手》《女省长》《忏悔无门——慈善家李春平的旷世情缘》，纪实文学《中国知青终结》《唐山大地震》《无性婚姻》等作品，均获业界同人与听众好评。

爷爷的『礼物』

——纪红建

十九年前,我十八岁。

那个初冬,一个阳光温煦的午后,穿上军装的我与故乡挥手道别时,爷爷悄悄塞给我一张纸条,并在我耳边小声说,伢子,你长大了,要保家卫国了,爷爷送你三条做人"要诀",切记,切记。

当亲人与故乡在蒙眬的视线中彻底消失时,我才打开爷爷的"礼物":听首长的话,团结战友,努力工作,争取入党,谨记口稳、手稳、身稳的祖训。

爷爷只上过几个月的私塾,勉强能认些字,写的字也是

非淡泊无以明志,非宁静无以致远。
——蜀汉·诸葛亮·《诫子书》

歪歪扭扭的。实话说，当时青春年少、涉世未深的我，对爷爷送的"礼物"并没有太在意，对爷爷说的"三稳"也没有多么深刻的体会。

其实，从我记事开始，爷爷总会时不时地跟我们后辈说，在外面千万不能乱说人家，不是自己的东西不能拿……小时候，我不太理解，也不太爱听，为什么爷爷总是说这些呢？是不是爷爷老实胆小，怕得罪人呀，甚至在心底里有点瞧不起爷爷，嫌他没闯劲，没出息。

在我随后十多年的当兵岁月中，不管是在书信上，还是我回家探亲时，爷爷总是一如既往地提醒我要谨记"三稳"的祖训。爷爷持之以恒的教诲，加之自己一步步走向社会的深处，使我渐渐明白了"三稳"的意义与价值。

其实爷爷所说的口稳，就是说话要谦虚谨慎、有理有据、有礼有节，不能无根据地随意背后说人家，更不能无端猜疑，引起事端，做人要正派；手稳，就是君子爱财，要取之有道，不是自己的东西千万不能要，要干干净净做人；身稳，就是不能随便与别的女性玩暧昧，更不能发生关系，要洁身自爱，清清白白做人。

虽然我也曾跟风，人云亦云，哗众取宠，甚至伤害过人家，也曾在金钱和美色的诱惑下蠢蠢欲动，差点做出违背良心的事情，但最终，我还是牢记了爷爷送给我的"三稳"祖训，并基本做到言行一致。

前几年，我从部队转业回到了家乡，在一家省直单位工作，做行政，也业余写作。离家近了，回家的次数也就多了，话题还是少不了"三稳"。爷爷老了，说话的声音小了，但我却感觉分量越来越重了。

前段时间，又与爷爷小叙。一直关注时政的爷爷叹了口气，对我说：你看看，那么多高官因为贪污腐败、生活作风问题栽倒，都是口不稳、手不稳、身不稳啊！没有良好的家风，要做个好官，难哪！伢子，不论你是工作，还是写作和生活，定要切切谨记"三稳"。

回到家，我又重新整理自己的思绪。我想，爷爷的"三稳"不同样适应于我的创作吗？世界观是人生的方向盘和指南针，代表着一个作家的价值向度和精神高度。作为一名作家，不仅要敢于仗义执言，更要有严肃的政治立场和严格的道德自律。尤其在社会风气不好的情况下，更不能人云亦云、哗众取宠，而要以客观的、辩证的、分析的、唯物的、理性的态度和方法去结构、去描述、去创作。这不就是爷爷所说的口稳吗？……

爷爷一辈子恪守"三稳"就是最鲜活的例子。风烛之年的他，物质上并不富有，但他的精神与灵魂却站成了一棵备受远近乡邻赞赏的青松。爷爷传给我的"传家宝"，不一定会让我升官发财，却让我心灵上坦坦荡荡，做人堂堂正正。

有些年轻人总是羡慕他人的权贵或财富，其实那真的没什么可羡慕的，好家风好家训才是一种渗透到骨子里和灵魂深处的传家宝，它不一定会带来高官厚禄，但肯定会让自己幸福祥和。

纪红建，湖南长沙人，报告文学作家，中国作家协会会员。已出版《哑巴红军》《中国御林军》等长篇报告文学近20部，在《中国作家》等发表长中短篇报告文学百余万字。曾获解放军文艺奖、《中国作家》鄂尔多斯文学奖、"希望杯"中国文学创作新人奖、湖南省青年文学奖等。

从做一个"好人"开始

——余义林

记得小时候看电影或是戏,一个新人物登场的时候,我总会忙不迭地问大人:他是好人还是坏人?可能很多小孩子都会这么问。及至长大,才察觉了这个问题的幼稚。人性太复杂,人心也太庞大,只用"好"与"坏"怎么能说得清楚呢?且不说这世界上没有绝对意义上的"好人"和"坏人",仅仅是"好人"偶尔做了"坏事"还能不能继续当"好人",以及"坏人"忽然做了件"好事"那他是不是就算当上了"好人"等伤脑筋的问题,就足够人们争议半天了。

后来愈发年长,才知把简单的问题复杂化,历来是大人

积善之家,必有余庆;积不善之家,必有余殃。

——《周易·坤·文言》

们的把戏。就连写文章也是一样。苏轼曾经说过一段著名的话："凡文字,少小时须令气象峥嵘,彩色绚烂。渐老渐熟,乃造平淡。其实不是平淡,绚烂之极也。"东坡先生的意思是,简单而平淡的文字,未必就真的简单,或许里面埋藏着一种极致的绚烂。其实,把人简单地分为"好人"和"坏人",何尝不是老百姓一种淳朴而深藏智慧的分类方式呢?寻常人家用"好人"和"坏人"来区分自己的敌友,又何尝不是一种大学问呢?

在我看来,"好"与"坏"其实就是两种不同的道德底色。"好"仅一个字,但得到此评价的人,必定善良、忠厚、诚信、仁义,而"坏"的人也一定是站在了这些高贵品德的反面。写到这里,我忽然想起了不久前为一位福建老板所作的家书。老板年纪不大,却拥有了数十亿的家产,而他最为人称道的却并非财富,而是他尊老爱幼、热心公益的善举。他在自己的村里设立了养老基金,凡六十岁以上的孤寡老人都可以获得生活补贴和免费医疗等。他的家庭和睦、儿女成才,他在当地百姓中威望很高,是一位公认的社会贤达,简单说就是一个"好人"。而他作书的目的,正是要把忠厚待人、诚信持家的家族传统传下去。他的家族在福建可以算是望族,祖先自唐代就来到闽地发展,到目前已延续百代。在悠悠千百余年间,其家族虽也历尽人世沧桑,几经起落,但其后裔大多秉持着先祖忠恕仁厚的精神,为官者廉洁自持,秉公正直;为民者勤劳生产,艰苦奋斗;经商者也童叟无欺,取财有道。他的家族历史说不上辉煌,但脉络清楚,祖先的义举、功绩都被记录在案,供后人温习。遗憾的是,十年浩劫,族谱付之一炬。发生这种悲剧,绝不仅是他一个家族的损失,也不仅因为失去族谱,将来会发生孙忘祖讳、长幼无序、昭穆倒置等可叹之事,最重要的是家族的道德传统失了依据。

　　这位老板坚信,他的发达不光是命好,也不完全是改革开放的时代给了他大有作为的广阔天地,而恰恰是代代相传的家训成就了他的事业。这就是为人要忠厚老实、做人要仁义诚信,这是他们家族兴旺的保证,也是他做人的标准。他要做的就是把这种精神传递下去,作为家族的道统和薪火,赓续永远。他的做法,让人不禁想到了一句久违的古训:"忠厚传家远,诗书继世长。"这位老板明白,一个家庭以及家族的百代兴旺,不是靠创造了多大的家业,也不是靠留下多少钱财给后代,而是要靠道德传统的力量。家长品行端正,孩童定会效仿;祖上福德深厚,必将荫庇子孙。应该说,他很有远见,在富人中尤为难能可贵。

　　《易经》有云:"积善之家,必有余庆。"一句话道出了天地万物之至理,给予我们甚深的启示和教导。家,乃社会之最小细胞,如果每个细胞都是健康和完整的,何愁肌体之疾?各个家中行孝行善,忠厚为本,又何来道德滑坡之时弊?而"积不善之家,必有余殃"这句训诫,正是被不肖子孙遗忘,才让我们的生活在历史长河中无数次跌下惨痛的深渊啊!

据说开封曾有一座三槐堂,是宋真宗时著名的清官王旦的府邸。他曾亲手栽上了三棵槐树,寓意它枝繁叶茂,把正直、坚强、忠厚、智慧的精神向后代传递,把忠诚、仁义、宽容、善良的道德向家人散播。三槐王氏家族,后来果然贤人辈出,广受赞誉。也是大文豪苏轼,写了一篇著名的《三槐堂铭》来记述此事。而许多以道德传家的古今世家,也以三槐堂为榜样,将世世代代的人生体验浓缩在一篇篇家训中,成为根植于人们心中的一种正能量。我不知三槐堂上那几株老槐树还在不在,若在,想必也是高大苍劲、令人敬仰了。"不有君子，其何能国"，这是《三槐堂铭》中的一句话，意思是如果没有君子，国家又怎能成为一个国家？如果没有一个个"好人"，我们又如何拥有一个和谐的社会？这种理念古已有之。其实，这是智慧的结晶、文化的瑰宝，更是人类文明的源头活水，是我们民族的精神财富。中华民族的伟大复兴，唯有靠我们秉承祖志、矢志不移，才能战胜挑战、源远流长。

而这一切，或许就是从做一个"好人"开始。就这么简单。

余义林，《文艺报》副刊部主任，资深编辑、记者、作家，中国报告文学学会会员。著有长篇报告文学《灰色王国的曙光》《生活健康百题》《天仙妹妹》等，另有多篇中短篇报告文学、散文、评论等见于《人民日报》《北京日报》《北京青年报》《人民文学》等国内多家报刊，计300余万字。

一个人走完一座山

——四丫头

童年时,母亲常带我翻越一座大山,去到外婆家。我时常听外婆讲故事,一次正听《三打白骨精》时,我突然打断外婆,问:外公呢?

母亲忙捂住我的嘴,外婆却拉过我的手,说:这个死鬼啊,做了亏心事,早翘辫子咯。

外婆仿佛在说一件与己无关的事,表情淡然。

外婆姓王,她的父亲是当地名医,医术本是传男不传女,好学的外婆时常趁她父亲不注意偷学,她父亲见她聪敏好学,索性破了旧习,潜心教女。怎奈战火纷飞,他英年早逝于战场,外婆小小年纪便做了一名乡村医生。

十岁那年，外婆被继母卖到了住在深山里的夫家，时常遭婆婆毒打，大她六岁的外公也常欺负她，好几次将她从床上拖到床下打。起先外公家还算富裕，后来外公成天游手好闲，流连于赌场，将家产输得精光，气死了他娘，他爹也气疯了，一年四季披着条麻袋、扛着几十个包游街串巷，见到年轻的后生就追着打，边打边骂：不成器的畜生！

外婆接连生了三个儿子，一直渴望有一个女儿。她四十岁生日那天，窗外下着鹅毛大雪，家人都在为外婆庆生，外婆端起一杯酒一饮而尽，还未落座，忽然慌乱放下酒杯，径直冲到门外，只见屋檐下放着一个纸箱，被雪濡湿了。开箱一看，一个唇红齿白的婴孩躺在里面，睁着纯净的大眼睛好奇地看着外婆。外婆二话不说，抱起孩子就往家里跑。家人拒绝收留女婴，称万一碰上个残疾娃咋办，外婆喝道：这孩子同我有缘，她是老天送给我的礼物，是好是歹我都要了！

有了四个儿女，外公也稍微收了心，做起了小本生意，勉强维持一家六口的生计。在乡下，养猪是一件至关重要的事。那年，外婆让外公去集上买一头仔猪。外公清早出门，直到天擦黑了还没回家。外婆左等右等不见人，最终在村里的"二杆子"李四家搜到了他，他正在麻将桌上战得昏天黑

地。外婆揪着他的耳朵将他拉回家。外婆再也不是当年那个胆小怕事、任人欺侮的小媳妇，自从婆婆去世、公公疯了后，面对不成器的丈夫，她不得不用羸弱的身体硬撑起这个家。

一回到家，外婆问：你买的猪呢？

外公将一头瘦得皮包骨的猪仔牵到外婆面前，外婆在猪仔身上摸了几下，冷笑着说：这是头病猪，活不了几天。你这点小把戏莫想瞒得过我这个医生。

外公耷拉着脑袋，老实承认他将钱拿去赌博了，输得精光，只好找隔壁王二麻子借钱买了一头病猪。

那一年，外婆一家六口吃了大半年的蔬菜，全家人吃得面黄肌瘦。

外公喜欢喝酒，一喝酒就胡乱打人，打了儿女还打老婆。有一次，他将自己灌得烂醉如泥，身强力壮的他拖过外婆往死里打，可怜外婆势单力薄，朝外公踢、打、踹、咬都无济于事。三个儿子想上前拉扯，又畏惧外公的淫威。时年五岁的女儿冲出来，用弱小的身躯挡在外婆面前，朝外公叫道：你要再打我娘，我跟你拼了！

外公愣住了，他没想到挑战他权威的，是一个他从未放在眼里、不足一米高的收养的女娃！外公收了手，又向年幼的女儿重重踢了一脚。女儿强忍着泪，怒视着他，后来，他甩了甩手走了，像一只落败的公鸡。

外婆感动地将女儿拉进怀里，不顾自身的伤，为女儿敷药。从那以后，外婆更疼爱这个女儿了，她时常在邻居面前感慨：亲生的不如抱养的好啊。

外婆最疼爱的女儿，却差一点离她而去。那年冬天，雪深一尺，外婆出诊回家，却无论如何也找不到女儿了。大儿说，一个自称是她娘的女人将妹妹抱走了。

外婆一听，水都顾不上喝一口，背上药箱就往外跑。她整整穿越了一座山，才看到一个背着孩子的女人。当外婆再次见到自己养了八年的女儿时，双腿已快失去知觉。

女人跪在外婆面前，称自己从前犯了错误，如今成了婚，生了儿子，唯独缺个姑娘，乞求外婆将女儿还给她。外婆详细询问了女人的境况后，心中有了底，说：把女儿还给你之前，我得检查一下她的病。这八年多，她一不舒服我就替她诊治，不敢有半点疏忽。说罢，外婆抹了一把汗，又脱下汗湿的外衣，打开药箱，取出一枚银针。银针发出明晃晃刺眼的光，女儿疑惑地盯着外婆，外婆飞快地向她使了个眼色，女儿心领神会，扮了个鬼脸。

外婆将细长的银针向女儿扎去，女儿立即浑身哆嗦，口眼歪斜，嘴角流着涎水。女人一看，迟疑着，半天不敢近前。

你还要把她领回去吗？当年你把她一个人丢在雪地里，

她快要冻死的时候你在哪儿？她没奶吃饿得哭时你又在哪儿？现在日子过好了，想儿女双全，世上哪有那么美的事？我当医生攒了些体己，还可以为她多准备些嫁妆，你能给她什么？她病了你能做什么，又像当年一样把她扔掉？记住：老天是长了眼的！

外婆说完，一手抱女儿，一手拽药箱，在雪地里深一脚浅一脚地走了，将瞠目结舌的女人远远甩在了身后。眼看远离了女人的视线，外婆才将女儿放在地上，问她：刚才那个人是你亲娘，你跟她走还是跟我走？现在后悔还来得及。

女儿狡黠地说：当然跟你，不然我又犯羊痫风了谁来治？说完，又变成口眼歪斜状。

外婆一记"栗子"爆在她头上，嗔怪道：臭小妮子，装得倒挺像！

没错，那个收养的女孩就是我母亲。外婆每每提到我母亲时，总是满脸甜蜜，一想到外公，又陷入沉思中。

外公戒赌后，却多次上邻居张寡妇家偷腥，外婆看在眼里，气在心上，好几次想喝"敌敌畏"一走了之，可看到四个孩子又心软了。为了孩子们，她忍下了这口气，一忍就是好几年。不料，外公却因一件小事与同村老哥们儿王二麻子拌口角，咽不下这口气，一命归西。

外公下葬那天，外婆在外公的遗体前又哭又笑，她骂道：你这个死鬼，我为这个家都忍了几十年了，你怎么就是忍不下这口气呢？

外婆想将外公葬在祖坟旁，却遭到亲戚们的一致反对，亲戚们声称外公这个败家子不配进祖坟。若外公不葬进北边的祖坟里，则只能葬在南边的乱坟冈。外婆大怒，称若不让她男人进祖坟，她背他去！

那天仍是大雪飞扬，外婆背着外公的遗体，独自翻山越岭，又一锹一锹地挖土，将外公葬到了祖坟旁，并为他立了一座上好的大理石墓碑。每年，外婆都会带上外公生前喜爱的好酒好肉，翻越一座大山，前往外公坟茔前祭拜，每次都像个疯子一样，哭了笑，笑了哭。

自十岁那年，外婆就开始一个人走那座无名的深山，一直走到她九十三岁离世。外婆就是一座山。

四丫头，中国作家协会会员，鲁迅文学院中青年作家高研班学员，专栏作家，新华文轩出版传媒签约作家。出版长篇小说《爱情不设房》《错过的情人》《年华轻度忧伤》《等风来 在世界彼端》。多部作品刊于《人民文学》《十月》《广州文艺》《广西文学》《山东文学》等刊物。

所在

—— 李莹

前几日,去电台做一档女性节目,主持人问,作为一个女作家,你对听众有什么建言?

我说,无论何时,要记得——随心而动,心在即所在。

这话听起来很文艺、很官腔,却是很多人穷其一生的追求,也是更多人在路上走着走着就遗失了的宝贝。

现代人随心而动,真的变成了一件难事。因而,不快乐也多。有时候,我亦如此。每每这时,我便回家,回那个安静的滨海小城,听黑海滩单调的潮声,吃只用清水烹饪的海鲜,看专注忙碌着自己生活的父母。于是,心便又沉静了下来。

我的父母不是什么大人物，也没干过什么惊天动地的大事。不过，在这个滨海小城，却也是有些名气的。李大夫和王老师，是小城居民对他们最认可的称谓，三十年如一日，我和他们走在路上，总能听到一样的招呼声。

李大夫是小城医院的疼痛科医生，没读过医学院，竟也常常有周边大城市的患者慕名而来求诊。李大夫的人生特别简单，两点一线的生活过了大半辈子也不腻，退休了，仍旧如此，周而复始。有时候，我会觉得他和这个时代脱节，可瞧瞧周围那些为名利挣扎了一辈子的人，闲逸难求，微笑难得，便又觉得李大夫是有大智慧的人。

和李大夫相比，王老师的人生简直丰富到了极致。很多年，作为一个基层文化工作负责人，她为活跃这个滨海小城的文化生活奔走忙碌。王老师可算是这个小城里的文化名人、社会活动家，走到哪儿都有人认识她。即使如此，每当闲暇，她便又成了作家、诗人，安静书写，笔耕不辍。她好为人师，辅导许多业余作者写出了漂亮文章，改变了他们的人生命运；又使命感十足，为保住渤海湾边最后一个古渔村，奔走呼吁，带领摄影团队一次次深入村落用相机留存历史。

被李大夫和王老师养大的我，在那些被散养的童年时光以及整个少年时代，就像盐碱滩上的芦苇一样，恣意生长。

我睡在书房，书架有两个我那么高，占了整整两面墙，连着一扇朝南的大窗。似乎从有记忆的那天起，从《唐诗三百首》到《拿破仑传》，书架上的任何一本书都对我开放。天气好的时候，我还会骑上自行车和小伙伴们到处疯游，骑累了，我们就躺在路边，看阳光穿过树叶闪耀波浪般的金光。

那些时光，现在想想都觉得畅快。和李大夫下乡出诊，一进老乡家门就上桌吃饭，无拘无束；和王老师骑自行车去海边，两个小时的车程，竟还能越骑越勇；关于教育，自小学四年级开始，我家都用谈判解决问题。

随心而动，心在即所在。这样想来，真可算是我家的家风。李大夫和王老师一生随心，我瞧着瞧着，也便觉得好。

在这个小城，时间好像总比大城市里走得慢。多少次了，我瞧见王老师帮助那些曾经给她难堪的人，跟李大夫求诊。我尝问她，就让那些人疼着，不好吗？王老师扑哧一笑，说我痴。

人间行走，得饶人处且饶人，饶过了别人，也便放下了自己的嗔，轻装简行，才能走上更远的路。大抵如此吧。

上一个母亲节，我和老公特意从另一个城市奔回家送礼物。李大夫和王老师却都不在。打电话才知道，颇有洁癖的李大夫竟然用自己的爱车帮卖宠物商品的表弟进货去了，而已经以高级教授荣誉退休的王老师正帮着表弟看地摊。有亲友嘲笑他们不知身份，让我劝阻。去早市，却见王老师正自得其乐地为客人推介着宠物。我跟老公说：谁规定人生只能扮演一种角色？人活着，能随意将身份地位甩到土里去腐烂，才更畅快吧。老公笑笑，也便挽起袖子帮忙清理宠物笼。一年后，曾经好吃懒做的表弟，已拥有了自己的小小宠物店，自立自强，可喜可贺。

自十九岁起，我便离开滨海小城，独自在欲望都市打拼。这里机会多、选择多、欲望多、失落也多，我常常站在岔路口，辨不清方向。每每这时，我便站在原地寻找——心之所在。因此，我从不需要回头张望，那些来时的路。

李莹，中国作家协会会员、中国民间文艺家协会会员、中国散文学会会员。天津作家协会文学院第四、五、六届签约作家。鲁迅文学院第七届中青年作家高研班学员。两次作为天津最年轻作家代表出席全国青年作家创作会议。作品两次入选中国作家协会重点扶持项目。出版长篇小说《高空弹跳》《爱是一碗寂寞的汤》《闪婚当道》《响铜记》。近年来致力于中国地域文化的研究、保护和传承，相关学术文章获国家级奖项若干。

家"训"

——翟振峰

从没思考过为家风写文字。面对命题,伏案沉思,心潮澎湃。

心理学试验有一种途径是给一幅开放性的图画,其至有的时候就在纸上滴一滴"墨渍",看看你是如何解释、解读、表达这幅图的,再通过你的讲述和表达看出你内心的想法,透析你的性格特征等,这种测试方法就叫作"投射"。家风,其实就是一脉相承的"投射"。一路走来,我体会着父母的言传身教、长辈的谆谆教导,在生活中学到了很多。

从咿呀学语的婴儿到日渐而立,我记忆中的父亲很少发火,在儿女面前也极少讲为人处世之道,他是以实际行动,教儿女怎样做人。儿女们做了错事,父亲也很少责备,只用一种恨铁不成钢的目光看着我们,那目光其实比打骂更严厉,更具有震慑力,让儿女们从父亲身上看到了坚强的脊梁、慈善的面容和深邃的内心。然而有一次他却对我大发雷霆。那是在我上小学的时候,我用普通圆珠笔和同学换来了一支"特细"圆珠笔。父亲回家看到,很奇怪地问我:"这是哪里来的?"我用不耐烦的口气回了一句:"关你屁事!"没想到这句话仿佛是火星跳进了火药堆一样,引得父亲大发脾气,他冲过来一把夺走我手中的笔就往垃圾桶扔,这还不消气,又把我的铅笔盒扔了。当时我也生气了,梗着脖子顶撞道:"你扔吧!扔光了我也不会告诉你!"这话的结果是换来了父亲狠狠的一巴掌,我忍着疼扑在床上大哭起来。我不明白父亲的火气所为何来,也为自己的委屈伤心不已。当我快要睡着的时候,隐约听到母亲责怪的声音:"忙了一天回来跟孩子撒什么气!"父亲说道:"这孩子不好好跟大人说话,还学会顶嘴了。必须要让他知道尊重长辈,知道有话好好说!"父亲这句话让我记忆深刻,我慢慢就理解了父亲当时的举动,并学着像父亲一样用温和的语气说话,尊敬老人,爱护小辈。

多年后我穿上了警服，每当群众需要帮助时，我始终用微笑和耐心处理每一个难题。一次，我在户籍窗口遇到一位王大爷，他想把在安徽的户口迁到上海泰日，我告诉他需要准备迁移证、亲属关系证明等各种材料不下七八种。结果等他往返了一趟安徽回来，我一核对材料，发现少了一份安徽当地的退休凭证，无法办妥迁移手续。王大爷当场就发火了，拍着桌面骂道："有你这么办事的吗？你欺负我是老人吗？我一个老人从安徽往返一次有多不容易？你怎么就不能一次把话说清楚，偏要我多跑两趟才开心？"这种情况我已经不是第一次遇到了，就淡定地听他把夹杂着污言秽语的话说完，又看到他满头的汗珠，微笑着递给他一杯凉水，给他解渴。这一来，还未待我说话，他的火气已经消了一半。接着，我从一堆材料中抽出之前开具的证明材料清单，明确指着其中打钩的条说："大爷，您看，这个证明材料我之前已经告诉过您了。不过办证明材料常常一次办不好，很正常的。您大老远地跑来跑去，也确实不容易，能帮您办的，我们一定帮您，但希望您能理解我们的工作，有时候政策规定我们不能随便更改啊！"他尽管还有火气，但伸手不打笑脸人，何况他自觉理亏，终于不再吵闹，带着材料回去了。过了几天，他再次带着材料过来，我按照规定流程帮他办妥了手续，并

告知他这些材料还需上报审核，我们将在55个工作日后通知他前来领取新户口。事情办完后，他对我耐心、诚恳的服务赞不绝口，并写了一封感谢信送到我单位。

这一切都要归功于从小父亲对我的教诲，是他教会了我如何对待他人，如今我又将这种品德融入自己的日常工作中，我还将把这种美好的品德教给我的后辈，让尊老爱幼的美德一代代传递下去。

家风是一个家庭的传统与灵魂，是值得后代珍藏并发扬的宝贵精神财富。

翟振峰，男，80后，中共党员，硕士研究生，上海市公安干警。钟情纸韵书香，曾参与地方史志编撰。先后在《天津日报》《人民公安报》《人民警察》等报刊发表诗歌、散文、小品等作品多篇。

父之遗风，我之家风

——宋小词

在乡村里，我们家比较特别。父亲是一名乡村小学教师，算是村里的知识分子，奶奶出身大地主家庭，有私塾功底，八十岁都能用毛笔写字，母亲虽然文化程度不高，却是那个年代公社宣传队的文艺骨干，肚子里装着几十本鼓词，而且能快速识得简谱。别人家农闲时一般打牌打麻将，我们家则是看书的看书，唱曲的唱曲，一股浓浓的文艺味儿。

家里虽然没有悬挂匾额标榜是半耕半读或是诗书之家，但是这种和善美好的家庭氛围犹如春雨细细滋养我们的心田。成长于这样的家庭，内心的感受会更加丰富也更加细腻，父母虽然有望女成凤之愿望，但并不急功近利，他们总说"成材的树不用砍，砍来砍去结疤多"。

我从小就没有受到严苛的管教，做错了事，父母一般都不会动粗，而是轻言细语讲道理，让你真正懂得错在哪里。在村里，许多小孩都有手脚不干净的毛病，这是母亲最为瞧不起的，母亲从不允许我们随便拿人家屋里的东西，就是别人扔在垃圾坑里的东西母亲也不允许我们捡回家，她说人的很多坏品性就是从贪小便宜开始的，所谓"从小偷针，长大偷金"。"一个鸡蛋吃不饱，一个臭名背到老"，我们家对名声很看重，从小父母就教我们懂得积攒与珍惜名誉。他们觉得一个人的名誉比穿衣吃饭还重要。

我是姑娘家，父母对我的培养更是花费了许多心血。他们觉得女孩子首先要善良，要踏实，要务实，要能把持一个家，因为女儿终将是嫁到别人家去的。在我们那里，女人在家里的地位像木桶外面的一道围篾，叫箍桶篾，没有这道篾，这个木桶就是散的，所以对女人的要求是很全面的，也是很严格的。母亲说女儿家要比男子更有度量，更要有容人之心，要学会退让之术，对待君子要退，因为你退一步，君子会退三步；对待小人也要退，因为你退一步，小人会在你的退让中得到感化，你退让多了，说不定小人也会成为君子。

读中学时，村中许多年轻人都辍学到南方打工去了，三五年回来，扒了老房子盖洋楼，家里弄得阔气得很。看着昔日同学穿金戴银，我心里也有些不平静，物质的力量也是很强大的，那一瞬给我的内心带来了不小的冲击。但是奶奶提笔在纸上写了一句话：不求金玉重重贵，但愿儿孙个个贤。父母在旁连连点头，他们告诉我，一个人生活在世上，不是为了追求物质上的富有，而应该是追求精神上的自在。一个人如果拥有很多的财富，而他又没有驾驭这些财富的能力，那么这些金钱就会成为他的坟墓。

母亲总说，广厦千间，夜眠不过八尺，家财万贯，日食不过三餐。少一些欲望，就会多一分快乐。父亲也说，一箪食，一瓢饮，居陋巷，人不堪其忧，回也不改其乐。这才是人生的理想生活。

我在这样一种传统的教育中长大，踏入社会后，尽显笨拙与老实，竟吃了一些哑巴亏，也栽了跟头，但时间一长，那些烙在我身上的品质显现出光芒，花言巧语、吹牛皮、说大话终究是站不住脚的。好的品质有如一副过硬的骨架，会支撑人一直走

下去，而且脚下的路会越走越平坦，越走越开阔。

父亲去世后，我整理他遗物时发现一个铁盒子里有一张纸，上面用毛笔写着："忠厚传家久，诗书继世长。"这句话虽然不是父亲说的，自古有之，但那次赫然看见，我心灵为之一震。我将它拿出，到武汉后，装裱起来。

我知道，这是父亲对我们的期望。父之遗风，我之家风。

宋小词，女，80后，中国作家协会会员，鲁迅文学院第二十届中青年作家高研班学员。发表《天使的颜色》《血盆经》《开屏》《太阳照在镜子上》《呐喊的尘埃》《锅底沟流血事件》《声声慢》等中长篇小说，作品多次被《小说选刊》《小说月报》《中篇小说选刊》《中篇小说月报》选载，获第六届湖北文学奖。

身教，润物细无声

——颜小烟

不久前，在我们学校发生过这样一件事：某学生在体育课上，与老师踢球，铲球时因用力过猛撞到了老师小腿。因球赛激烈，两人当时都没太在意。傍晚回家，该学生的脚逐渐肿痛起来，父母问及，该学生便谎称在学校踢球时被老师踢伤。次日，其父母以老师故意踢伤以及不及时为该学生处理伤口为由大闹学校，说是要讨个说法。最终，迫于学校的压力，该老师不得不登门道歉。

当今社会，这样的事例已屡见不鲜，轻则让老师道歉，重则让老师下跪。不知从何时起，自古以尊师重道而闻名遐迩的礼仪之邦，家风教育竟沦落到了这般田地。

可仔细一想，纵观当下的许多家庭结构，要么"4+1"（四个大人围着一个孩子），要么"6+1"（六个大人围着一个孩子），众星拱月般地呵护孩子，哪里容许孩子受半点委屈？在过度呵护下成长的孩子，很快就长成了易碎品，稍不小心，从身体到心理都会瞬间支离破碎。孩子完全成了大人意志的产物，而非一个完整的人。

很多次，望着身边经过的一个个行色匆匆、神情淡漠的孩子，我都会不自觉地想起自己小的时候。那时候的父母日出而作，日落而息，根本无暇顾及我，让我得以在小渔村里无忧无虑、自由随性地成长。爬树、下海、铲盐、挖螃蟹……唯一的约束来自母亲的道德规范：诚实、守礼、忍让！母亲从不多言，也不与人斤斤计较，和邻里相处甚洽。从小到大，我从未见她与人红过一次脸。她一直用自己的言行潜移默化地影响着我，乃至我的孩子。

因为受母亲的耳濡目染，我非常信奉"身教重于言教"。面对着如此喧嚣的社会，人人都把孩子的成绩奉若神灵，为了不输在起跑线上，人们挖空心思变相地培养着孩子，却渐渐遗忘了孩子们的心灵塑造。鉴于此，从儿子很小的时候开始，我就强迫自己要事事以身作则。无论是穿衣，还是吃饭；无论是刷牙，还是洗碗；无论是画画，还是阅读。在孩子行为习惯的

一步步养成过程中，我甘之如饴地享受着来自母亲的恩泽。

雨天，我撑着雨伞和儿子在操场上戏水；夏夜，我们趿拉着拖鞋在草丛中寻找萤火虫；午后，我们趴在草地上灌蟋蟀；临睡前，我们坐在阳台上数消失的星星。日渐一日，我看到儿子脸上常常挂着灿烂的笑容，笑声仿佛一点就燃，空气里到处是自由的味道。现在，每次与儿子聊天，我都会不自觉地被他那天马行空、恣肆汪洋的想象力给慑服。

人们常说，孩子是父母的影子。父母的言行投射在孩子的身上，效果可谓立竿见影。试想，一个经常在孩子面前数落老师不是的父母，他的孩子又怎么可能会懂得尊师重道呢？一个谎话连篇的孩子，你又怎么敢保证他的父母不爱信口胡诌呢？

我想，最好的教育应该是春风化雨似的，让孩子慢慢地长成自己。最好的家风应该源于宽松自由的家庭环境、开明懂事的父母，以及父母用自己的一言一行打造出来的家庭氛围。

作者

颜小烟，80后女子，现居海南文昌。鲁迅文学院第二十届中青年作家高研班学员，海南省作家协会会员。迄今已在《天涯》《诗刊》《诗林》《诗潮》《中国诗歌》《诗歌月刊》《东方女性》《滇池》《海南日报》《海拔》等报刊发表诸多诗歌、散文作品，作品入选多种年度选本，获得多项文学奖项。

家风，传递爱

——刘汉斌

　　父母不只是给了我生命的人，他们给予我的除了发肤，还有教养。我的父母都是农民，没有读过书，不识字。他们只是穷其一生，将从祖上传下来的治家齐家的本领接过来，递给我。

　　年幼时第一次挑水，父亲就告诉我，把身子挺直了，扁担才不会将肩膀压坏；咬住牙，挺起身板，踩着节奏向前走；换肩挑，左右肩膀轮流换，缓步走路不慌张。这是父亲在我孩童时期的人生启蒙，从第一担水开始，教我学会担当。

　　少年时，好好读书，是父亲对我唯一的嘱托。于是我也就习惯在读书之外的时间将双手插在裤兜里,像个局外人一样,站在父亲的身后看他劳作。父亲的双手像干旱的土地一样皲裂,十根手指都缠满了塑料,裤子膝盖处摞满了厚厚的补丁,我忍不住双膝跪在父亲身旁,与他并肩跪在六月的麦地里,父亲摸摸我的头,麦土悄然灌入我的领口。父亲拔四行,给我留两行,我被父亲远远地甩在身后;父亲拔五行,我拔一行,还是赶不上父亲;父亲拔六行,我爬起身追上父亲,父亲却说,歇歇吧,慢慢来,农活可以落后,功课一定不能落后。父亲在麦黄六月的麦地里的嘱托,成了我日后学习的动力。

打麦场上,父亲双手掬起一捧颗粒饱满的麦子,单薄的身体在微寒的风中瑟瑟发抖。父亲一定又想起了祖父,最终没有从春小麦春种秋收的轮回里坚持走下去的祖父。每当打麦场上的麦粒堆积如山的时候,父亲就双膝跪在麦粒堆上默默为在秋日里还没有来得及尝最后一口新麦味道的祖父祈祷。

年轻时的母亲有一副宽厚的肩膀,无数个夜晚,她用身体遮掩着灯光,把我遮在暗处,让我在暗处安心入睡。我常常会在半夜里醒来,醒了,却不弄出声响,看母亲在灯下全神贯注的神情,看她在一块布上飞针走线的手,那双手,就

爱子心无尽,归家喜及辰。
寒衣针线密,家信墨痕新。
见面怜清瘦,呼儿问苦辛。
低徊愧人子,不敢叹风尘。
——清·蒋士铨·《岁暮到家》

像是围绕着昏黄的灯光上下翩飞的一对蝴蝶，飞着飞着，就化成了浓浓的爱意。于是，在母亲点灯熬油缝缝补补的每一个夜晚，我都是带着一脸的笑意幸福地睡去。

每天晚上，吃饭的时候，用马灯，吃完了饭，等我和父亲都睡下了，母亲就将马灯熄灭了，挂在墙壁上，点起煤油灯，面灯而坐，拿起前一晚没有做完的活计，继续熬夜。我和父亲被母亲宽大的身影遮住，听着母亲一下一下纳鞋底的声音入眠。

一把笤帚，常被母亲用到了极致。初始用来扫炕，新扎成的笤帚细软，扫炕不挂毡上的羊毛，又能扫净灰尘，而用上一段时日，细软的枝条耗磨尽了，就只能用来扫地，等磨到只有一拃长的时候，母亲还是舍不得扔掉，就用它刷锅。农村大都用煮熟的土豆喂养牲畜，而每次煮过土豆的锅，锅垢很厚，母亲舍不得买刷锅的铁丝球，就用一把老笤帚刷锅，一直刷到快磨手才扔掉，一把笤帚的使命才算完成。扫帚苗年年生年年长，母亲每年都会在扫帚苗长成的时候扎下几把笤帚放在家里备用。她从来都不会轻易将上手的一件家什丢弃，除非用到确实没法再用了。

母亲刚过四十岁，却患上了严重的哮喘。带着母亲去医院看病，母亲的肺部跟一个二十年烟龄的人的肺部一样。

油灯熏坏母亲的双眼，需要时刻滴眼药水维持视力；油烟熏坏了母亲的呼吸道，需要打点滴和吃药才能缓解病情，母亲却毫无怨言，而常常为我给她买了药品，并带她去医院看病而感动涕零，并逢人便夸我是个孝子。从小被自己的母亲夸大，唯独在这个时候，母亲的话令我脸如火烧，与母亲的倾心付出相比，"孝子"二字该是多么沉重的一个词啊。

我终于如愿以偿地考上了学。离报名的日子越来越近，母亲整天忙着为我收拾行李，备吃食。父亲从一大早起来就蜷缩在堂屋的门口，一坐就是整整一天，我实在不忍心看见父亲这么痛苦，我把心一横，对父亲说，这学我不上了。

我的话刺中了父亲委屈而愧疚的心，父亲突然跳将起来，给我一记脆响的耳光。

"就是砸锅卖铁，这个学你一定得上。"父亲是吼着对我说的，我看见，他的整个身体在单薄的衣衫里瑟瑟颤抖。

临行，父亲为了凑足学费，把粮房里所有的麦子、谷子、糜子、荞麦、莜麦和准备擀毡的羊毛以及准备盖上房的椽子全都卖了,把一沓大大小小的纸币塞进我的手中。那是我人生中握在手里感觉最沉重的一沓钱,从那一沓钱开始,我已经长大成人。

担当、坚持、感恩、勤俭、孝顺,就像一粒粒承载着爱的种子,被父母扬手撒进了我的心里,如今这些种子已经生根发芽。我顺承了父母的职业,也顺应他们的心愿,我是父母这一生最得意的一棵庄稼。

刘汉斌,男,1982年出生于宁夏。宁夏作家协会会员,鲁迅文学院第二十届中青年作家高研班学员。先后在《青年文学》《文艺报》《散文》《北京文学》《文学界》等纯文学杂志发表植物系列散文300余篇,部分作品被《散文选刊》《散文海外版》《读者》《经典美文》《中华活页文选》等转载。曾获2012年冰心儿童文学新作奖、宁夏第八次文学艺术奖、首届《朔方》文学奖等奖项。植物系列散文集《草木和恩典》入选"21世纪文学之星丛书"2014年卷。

书香润泽的小草

——马金莲

我最初的阅读得益于父亲。父亲是一个文学爱好者,在乡文化站上班。当年他高考落榜后,一边给队里放羊,一边写通讯,再用钢笔誊写在信纸上,装进信封投出去。这样的人物通讯前后有多篇在当地的报纸上刊登。

生计艰难,父亲最终没有走上文学创作的道路,但他阅读的爱好多年来一直保持着,除了单位的书籍,他还自己订阅了《小说月报》《故事会》《民间文学》《今古传奇》《名人传记》等杂志。

记忆里我家上房的柜上搁着一个很小的书柜,里面装满

了书，那都是父亲看重的书，比如《聊斋志异》《三言二拍》和四大名著。

随便拉开家里哪一个抽屉，里面除了针头线脑、剪刀锥子，就是书。一本或者三四本旧杂志躺在里面。

懵懂中我翻开了一本民间故事集。看到了一个短小的故事。我很惊讶，想不到文字里竟然含着一个故事，一个有头有尾有情节有人物有事件的故事。阅读给我带来了喜悦。看完一本，接着看下一本。

民间故事已经不能满足我的好奇心，我的手伸向了《今古传奇》《故事会》。

三年级时候父亲给我订阅了《中国少年儿童画报》，这是一本图文并茂、通俗易懂的少儿读物。从那以后每个月我都盼着日子过快点，父亲去上班，给我把杂志带回来。后来又订阅了《儿童

文学》，这也是一本让我爱不释手的读物。

我的小叔也是喜欢阅读的人。他比我略大，我记事的时候他已经是个懂事的男孩了，跟着我父亲在乡上的学校念书，每周坐在父亲的自行车后归来，他的书包里总会藏着小人书。

小人书是一种更吸引我的读物，小小的开页，里面画着逼真的图像，下面或者旁侧配有汉字。《杨家将》《聊斋故事》等等，我看得如痴如醉。

渐渐地我的阅读内容驳杂起来，《今古传奇》上的长篇故事我能一口气读完，小书柜里那些薄一点的书都翻完了，我开始抱着一本《西游记》发呆。

《西游记》看完，轮到了《暴风骤雨》《苦菜花》《水浒传》和《西汉演义》《三国演义》。

看书的时光真是美妙，全部身心都沉浸在一个世界里，会忘了时光，忘了身处何地。

这时候我已经不留恋那些过期的杂志和看了好几遍的书籍了，百无聊赖中，我重新翻出小书柜里那本叫《心灵史》的书，很快被吸引住了。

父亲见我没书可读，过些日子就去单位拿一些回来，等我看完了，还回去，然后又换一些回来，从中外名著到历史、哲学、社会学、生物学和木工学图书，品类尽可能丰富。

后来我拿起了笔,成为一个写东西的人。我书写的范围一直围绕着我熟悉的村庄。一个村庄就是一个完整的小社会,从吃饭穿衣到生育繁衍,再到内心信仰、生病、老去、死亡和归于尘土。人口一茬一茬替换,村庄在缓慢地发生着变化。我写了听来的,看到的,看不到但是用想象可以弥补的,在我内心里感触最深刻、最忘不了、最让我难过、动心和动情的人和事。

现在,我依旧坚持着阅读的习惯,阅读范围比过去宽泛多了,心态也不似最初的懵懂和单纯,不是为了消磨时间,而是想看明白一些东西,试图通过文字这一媒介从更广阔深厚的意义上去解读自己正在经历的生活和日渐消耗的生命。一个人的阅读史,漫长又短暂,坎坷又充实,与书籍为伴,与文字为伴,读过的那些经典和那些贡献出经典的大师,像灯塔一样照亮了我的生命之旅。而父亲,这个在西海固农村生活了一辈子的回族男人，从最初的阅读引导到如今对我写作的关注，他像一个热爱农耕的老农，用最纯净的方式浇灌着我的生命，让我这株无名小草成了一株被书香浸润了生命底色的小草、幸福的小草。

如今，热爱阅读的习惯已经传给了我的孩子，每当看着女儿站在书柜前，抱着一本书沉浸其中，我就觉得内心无比安静。像当年的父亲一样，在远处无声地看着，然后逐步给她提供需要阅读的书籍，我想让曾经浸润过自己的书香也去润泽下一代的生命，希望她由此成长为一株幸福的草。

马金莲，女，回族，宁夏西吉人。中国作家协会会员。在《北京文学》《清明》《十月》《花城》等刊物发表中短篇小说150余万字，大量作品被各类选刊选载。部分作品入选各种年度选本，有作品被译介到国外。出版有小说集《父亲的雪》《碎媳妇》《长河》，长篇小说《马兰花开》。获《民族文学》年度奖、《小说选刊》年度奖、中国作家出版集团突出贡献奖和宁夏首届《朔方》文学奖、郁达夫小说奖，《马兰花开》获全国"五个一工程"奖。

黄荆条子出好汉

——杨康

黄荆条子出好汉。这是在我们家族乃至整个村落里最为大家信奉的一句话。尽管现在多数人反对体罚，但我却不以为然。也许是我的思想观念还处于保守状态，但如此的家风却对我的成长影响深远。

我家里还有个年长我两岁多的哥哥，因此年幼时的我并不像现在的独生子女这般受到父母过分的宠爱。当然，父母也是爱我的，但他们将对我的爱分得非常明显。

有一次我和村里的一个小孩因为一点小事而发生争吵。原本腼腆的我被对方恶语相向，那个小孩骂我一句，我就还他一句。他骂我什么,我就骂他什么。两个无知的孩子,越骂越激烈,引来了双方家长。当发现母亲接近我身边时,我骂人的语言变得十分难听,声音也提高了许多。我原以为会得到母亲的安慰和赞许。

可结果让我十分意外。母亲走到我身边时,脸色十分难看,她顺手就从路边的草丛里捡起一根木条往我身上抽。正值仲夏,我穿的衣服不多,木条抽在身上很疼。感觉那种疼似乎直往肉里钻,而后留下的是一道一道的红杠杠。

我很倔。母亲越是用力抽,我就越是反驳。我总在嘴里反驳着说,是别人先骂我的。别人骂了我,我才骂别人。更加让我意外的是,我反驳的声音越大,母亲抽得越厉害。我始终没动,站在那里,任由母亲的木条抽在身上。木条落在我身上,感觉像一场疼痛的雨,几乎身体的每一处都被灌溉到了。

直到最后,我的哭声与反驳声混杂在一起,变成一种狼嚎般的声音,而母亲也是一边抽泣一边骂我不争气。到最后仿佛我们都累了,母亲停止了对我的抽打,俯下身来抱着我。母亲一边掀起衣服看我身上的伤痕,一边问我疼不疼。明明很疼,不知道为什么,我给母亲的回答是:不疼。

但母亲一直没有告诉我为啥打我。直到晚上,我躺在被

窝里，因为身上的伤痕疼痛难忍而辗转反侧。母亲来到我身边，一边给我用热毛巾敷伤口，一边告诉我，孩子啊，任何事情不要看别人是怎么做的，首先想一想自己是怎么做的，做得对不对。

母亲没啥文化，讲不出什么大道理，但母亲的这次忠告就像身上的伤疤一样，在我这里永远存在着。也正是身上的那些伤痕，时时刻刻提醒我要做一个有判断力的人，要能分辨谁是谁非。我知道母亲很爱我，但她将爱与溺爱分得清，她对我的爱澄澈而不含糊。而我们的家风也是这样，错了一件事，就要去记住这件事，去改正这件事。用母亲的话来说，做错事了，就要长记性。

母亲给我长记性的方式，就是拿木条抽。我身上伤痕不少，但这些伤痕像一个个明亮的路牌，指引着我的人生之路。

有句广告语说得很对，父母是孩子最好的老师。而严厉的家风，对一个人的成长来说至关重要。从某种程度来讲，它几乎决定了一个人的一生。我很庆幸自己的成长过程中，经受了那么多木条的抽打。

杨康，1988年生，鲁迅文学院中青年作家高研班学员，中国作家协会会员。作品在《人民文学》《诗刊》《扬子江》《中国诗歌》《北京文学》等刊物发表，著有诗集《我的申请书》。曾获得重庆市文学奖、"紫金·人民文学之星"文学奖提名等奖项。

特殊的一门亲戚

—— 王洪波

从我记事起,每到春节,总会和外公去下营镇郭家沟村——他的外公外婆家。

很多年之后,我才知道,郭家沟其实是我太姥爷(外公的父亲)前妻的娘家。

外公的妈妈,也就是我太姥姥,是太姥爷的续弦,太姥爷的前妻因难产而死,生下的孩子也夭折了。而我太姥姥嫁过来的媒人之一就是太姥爷的前岳父。尽管前妻已逝,但太姥爷一直尽孝前岳父母,因此,我外公一出生便有了两个外公外婆。

1955年,外公刚刚二十二岁,太姥爷被确诊为食道癌。

尽管当时在北京工作的外公将太姥爷接到北京进行手术治疗，但半年后病情还是恶化了。太姥爷临终前特意叮嘱家人，一定走好郭家沟的亲戚。

因为太姥爷的手术，外公到处筹集手术费，甚至还偷偷卖血。太姥爷的去世，更是让整个家庭的重担落在外公的肩上。上有老母、下有尚在读书的弟妹以及年幼的孩子，外公用一个人的工资维持着整个大家庭的生计。

沉重的生活负担并没有让外公放弃这一门亲戚，他继续替自己的父亲尽着孝心，这门亲戚一走至今就是六十年。他名义上的外公外婆过世后，又每年去看望名义上的舅舅，再后来是表哥、表姐。如此的走动频率，让当时年幼的我错以为郭家沟就是我太姥姥的娘家。

2001年清明节前夕，我太姥姥去世，我第一次到外公家祖坟，发现有三个墓碑，自此，我才知道前面的故事。

而今，郭家沟不再是那个穷苦的小山村，而成为远近知名的特色旅游村庄，外公的外甥们都开起了农家乐，年收入几十万，每到春节，都会来看望外公外婆。

四年前，外公突发中风，出现了语言和肢体障碍，初春时，我开车带他去过一次郭家沟，一如他曾带着我来一样，只是他已不能下车，但只要看看，他就很高兴。

丈夫一言许人，千金不易。
——宋·司马光·《资治通鉴·唐纪二》

最近一次回家看望外公时，看着他脸上点点的老年斑，知道他是真的老了，喂他吃早饭，突然脑海里闪过一个画面：夕阳西下，北京的一个小四合院里，他喂我吃饭，并笑着对我说，外公老了，你会不会喂我吃饭呢？我说，外公怎么会老呢？

是呢，曾经的我以为他永远不会老去。从两岁半开始，我一直和外公外婆在北京生活，童年时光里，他带我走遍京城各个博物馆、公园等景点，开阔一个小丫头的视野；他陪客户吃饭时遇到新鲜的菜，就会去学做法，回家再煮给我吃，至今我一直记得那道"香酥鸡腿"；我爱臭美，他每年都带我去燕京前门商厦买花裙子；我喜欢收集转笔刀，他买给我各式各样的；我喜欢看书，他在王府井书城买整套的葫芦娃精装本给我。

外公竭尽一切给所有人，到退休也没多少积蓄。

他信守对父亲的承诺，从未食言，他毫不保留地爱护着小辈，从无怨言。

还有几天就是外公八十二岁的生日了，我写下这段故事，想送给他一份特别的生日礼物。尽管他已不能说出来，但我可以读给他听，他一定很高兴我能够记住这些，记得他做过的这些事的意义。

王洪波，女，媒体人。80后。毕业于西南财经大学经济新闻专业，就职于《渤海早报》。

生活本质

—— 张尘舞

2014年，一位诗人自杀。消息传来，震惊整个北京诗坛。不知道究竟是什么原因令他决定离开人世。在北京见他时，他脸上带着平静的笑，丝毫看不出有任何对世界厌倦的痕迹。

有人说，要尊重每个人的死亡权，这也是神圣不可侵犯的人权的一部分。对于他的死，我无意去做任何批评，因为我不是他，无法站在他的角度去思考关于死亡的一切。

我只知道，人生中，在我们还是小孩子的时候，就常常被迫去接受生活中的不如意。

晚饭后，三岁的儿子牛牛要去广场找小朋友玩。那时天

色已暗，并且还下着毛毛细雨，我料到广场上是不会有小朋友玩耍的。任凭我怎么劝说，牛牛就是不听。于是想，带他去吧，等他亲眼见到空荡荡的广场，自然打消念头乖乖跟我回家。

牛牛抱着新买的玩具枪兴冲冲地来到广场，果然不出我所料，广场上一个人都没有。我低头瞧见这小家伙呆呆望着空荡荡的广场一动不动，心头涌上一股酸楚和不忍。身边那株樟树摇曳在灰暗的路灯灯光下，偶有几片叶子倏地落在地上。此时，我真的看到这个只有三岁的小人儿眼里的怅然所失。我在这明暗错落有致的夜色中，陪着他在带有寒意的细雨里站了好几分钟。

三岁的孩子不会将眼前这个场景深深印入脑海，也许他一转身就忘了。但我知道，在这个夜晚，某些东西已经悄悄潜入他的心灵，并且生根发芽。我很高兴在这个雨天，陪着他来到广场，让仅仅三岁的他，初次感受到这人世间的不如意。因为我知道，今后，不如意会如波澜一般在他漫长的人生中铺展开，从头至尾，如影相随。

不是说，生活是一袭华美的袍子吗？里面却爬满了虱子。我想，那些虱子就如同人生的不如意，它们已经存在，或者正在存在，将要存在，我们无可奈何。但我们仅仅因为那些虱子就要去忽略袍子的华美吗？要知道，袍子的华美才是它的本质。在乌云密布的天空，只要你仔细看，依然能看到黑云的间隙中那蓝色的天。那抹蓝，纯净悠远。

虱子来了走，走了来。

乌云聚了散，散了聚。

但背后的美好和纯净从来没有改变。

希望我的孩子永远不要忘了生活的本质有多美。当遭遇人生的不如意时，能够透过它们去看到美，看到希望。那种轻言放弃、只留下一句经典的"面朝大海，春暖花开"的人生是我所唾弃的。只有不断赶走恼人的虱子，才能将人生磨成一颗璀璨的明珠。切莫因为那些微不足道的虱子，去抛弃属于你的那件华美的袍子。

要知道，人生的不如意跟生命比起来，简直微不足道。

再说，对于我们头顶上那片宇宙而言，这算得了什么？

张尘舞，女，原名张静。中国作家协会会员，鲁迅文学院第二十二届中青年作家高研班学员。已出版《流年错》《因为痛，所以叫婚姻》《一地残骸》《日光倾城》等长篇小说，在《山花》《小说月报》《文艺报》等刊物上发表中篇小说、散文若干，获得安徽文学奖。